火团团大冒险

探寻火的奥秘与中国古人防火智慧

上册

纪 杰　涂 然　胡皓玮 等◎著

涂 然　曾 怡◎绘

中国科学技术大学出版社

内 容 简 介

　　本书由中国科学技术大学火灾科学国家重点实验室、中国消防协会科普教育工作委员会的专业学者团队创作，是国家重点研发计划项目"文物建筑火灾蔓延机理与评估预警关键技术研究"的科普成果。作者力图以生动有趣的方式，将中国古人用火、防火发展史上的数个高光片段呈现给读者。通过 4 个独立的冒险故事，以主角"火团团"的视角，带领读者穿越时空，探寻火的奥秘，感悟我国唐、宋、清等不同时期古人的防火智慧。全书包括 100 多个知识点，希望构建起有深度、有趣味的科学知识体系，点燃大家对火、对自然、对宇宙的探索热情。本册为上册，包含"长安篇"和"东坡篇"两篇内容，介绍了我国唐、宋时期古人的防火智慧及相关内容。对古建筑、传统文化、历史典故和火的奥秘感兴趣的读者，都可以从书中找到乐趣。

图书在版编目 (CIP) 数据

火团团大冒险：探寻火的奥秘与中国古人防火智慧：校园版.上册 / 纪杰，涂然，胡皓玮等著；涂然，曾怡绘 . — 合肥：中国科学技术大学出版社，2024.5
　　ISBN 978-7-312-05992-6

　　Ⅰ. 火…　Ⅱ.① 纪…　② 涂…　③ 胡…　④ 曾…　Ⅲ. 防火—中国—古代—青少年读物　Ⅳ. X932-49

中国国家版本馆 CIP 数据核字 (2024) 第 098404 号

火团团大冒险：探寻火的奥秘与中国古人防火智慧（校园版）.上册
HUO TUANTUAN DA MAOXIAN: TANXUN HUO DE AOMI YU ZHONGGUO GUREN FANGHUO ZHIHUI(XIAOYUAN BAN). SHANG CE

出版	中国科学技术大学出版社
	安徽省合肥市金寨路 96 号,230026
	http://press. ustc. edu. cn
	https://zgkxjsdxcbs. tmall. com
印刷	安徽国文彩印有限公司
发行	中国科学技术大学出版社
开本	710 mm × 1000 mm　1/16
印张	9
字数	113 千
版次	2024 年 5 月第 1 版
印次	2024 年 5 月第 1 次印刷
定价	39.00 元

著作团队 纪 杰 涂 然 胡皓玮 李春晓
仝维欣 王 正 张梦思 寿宇铭
时敬军 祁桢尧 方 乐 周学进

绘画团队 涂 然 曾 怡

纪 杰

中国科学技术大学教授、博士生导师，火灾科学国家重点实验室副主任，国际燃烧学会会士，入选国家级科技领军人才。主持国家重点研发计划项目2项，国家自然科学基金重点项目2项、优青项目等。发表论文160余篇，出版学术专著3部。成果写入国内外消防规范，应用于多项国家重大工程项目和多处世界文化遗产地。热爱科普，任中国消防协会科普委副主任兼秘书长，创办一系列全国性公益科普活动。获科技部、中宣部、中国科协、中国消防协会授予的"全国科普工作先进工作者""全国科技活动周突出表现个人""全国消防科学传播先进个人"等荣誉。

涂 然

华侨大学副教授，机电及自动化学院院长助理。2012年博士毕业于火灾科学国家重点实验室。主持多项国家级科研项目。获授权发明专利16项。任中国高等教育学会工程热物理专业委员会理事、中国消防协会科普委委员等。热爱科普，获2022年燃烧学学术年会优秀科普作品奖、2022年和2023年中国消防协会全国优秀消防科普作品一等奖。

胡皓玮

中国科学技术大学火灾科学国家重点实验室副研究员。主持多项国家级和省部级科研项目。任中国消防协会科普委委员、中国工程热物理学会燃烧学分会科学传播委员会委员。热爱科普，获2023年全国消防科学传播先进个人、2023年燃烧学学术年会优秀科普作品奖、2022年中国消防协会全国优秀消防科普作品一等奖。

专家推荐

范维澄
中国工程院院士，火灾科学国家重点实验室创始人

从事火灾学研究数十年，我看到自己实验室的后辈们推出这样一部既专业又有趣的科普漫画图书，发自内心地感到高兴。人类历史从某种角度看就是一部用火的历史，而这部科普漫画则是一次十分有意义的尝试，它为大家展现出一个关于火的奇妙世界，告诉我们原来用火与防火能够如此有趣，值得推荐给所有热爱阅读、热爱知识的人。同时，我也期待看到更多此类优秀作品出现，将人文与科学的魅力传递给大众。

包信和
中国科学院院士，中国科学技术大学校长

这部科普图书融合了我校火灾科学国家重点实验室师生团队最前沿的古建筑防火科研成果，是一部精心编纂、绘制的优秀读物。科学家的科普，深度与趣味并重。他们利用丰富的专业知识，把我国古今消防演化历程的精彩片段以生动的形式呈现给读者，不仅能够引发青少年对消防科技的浓厚兴趣，也将加深他们对中华文化的自豪感和传承意识。

张来斌

中国工程院院士，中国石油大学（北京）原校长

进行科学传播是科学家重要的社会责任，我见证了这部优秀的科普图书从一项国家重点研发计划项目诞生的全过程。这部历时近两年创作的作品，将科研成果的严谨性与公众科普的趣味性完美结合，让我们能以最直观的方式领略到中国古代消防的魅力。我希望并相信，每一位读者都能从中找到属于自己的那份乐趣。

单霁翔

中国文物学会会长，故宫博物院第六任院长，故宫学院院长

火灾自古至今皆是文物建筑损毁的主要原因之一。这本漫画图书以全新视角让我们再次认识到文物建筑火灾防治的重要性，带领大家重新感悟中国古人的消防智慧。这是一部让青少年朋友了解我国古人防火智慧的科普读物，更是一部启迪、培养防火意识，让大家懂得尊重和保护历史文化遗产的优秀作品。

自序

　　火，是物质燃烧发出光和热的现象，是能量释放的一种方式。火，在黑暗中带来光明，在寒夜中带来温暖，是人类文明的种子，是社会发展的助推器。一部部波澜壮阔的文明演变史，就是一部部智慧涌流的用火发展史。

　　火灾，源于失去控制的燃烧，是地球上最频发、最普遍的灾害之一。火灾，能荼毒万千生灵，能夷平一座城市，能毁灭一段文明。一部部跌宕起伏的伟大史书，收录了一幕幕令人扼腕顿足的火灾记忆。

　　"善用之则为福，不善用之则为祸"。自古以来，对如何善用火、善防火、善灭火，人类竭思尽智，孜孜以求。

　　这是一部关于火、火的科学、古人防火智慧的科普漫画书。本书作者均来自我国火灾科学基础研究领域唯一的国家级研究机构——火灾科学国家重点实验室，主业为科研和教学，同时热爱科普。2020 年起，团队承担了我国第一个文物建筑火灾安全方面的国家重点研发计划项目"文物建筑火灾蔓延机理与评估预警关键技术研究"。在研究过程中，团队接触了文物建筑承载的优秀传统文化和一段段珍贵历史记忆，感动于一个个充满智慧的古人防火理念与精仪巧器。感佩之余，心动念起，以专业为筋骨，合童心以起阁，记古人，悦读者，慰自己，终成此书。

我们力图以轻松快乐的视角和生动有趣的方式，将中国古人用火、防火发展史上的数个高光片段呈现给读者。我们的科普小助手——远古火系小精灵"火团团"，将带领大家展开一场穿越时空的冒险之旅。旅程中巧妙地融入了古代建筑、传统文化、历史典故、天文地理、火灾学、燃烧学等多个领域的知识点，希望"火团团"能激发大家的好奇心，点燃大家对火、对自然、对宇宙的探索热情。

感谢中国科学技术部、国家文物局、中国科学技术大学和华侨大学等单位在本书创作过程中给予的全力支持和指导。感谢范维澄院士、包信和院士、张来斌院士、单霁翔院长等前辈对本书提供的宝贵修改建议和推荐语。感谢创作团队的每一位老师和同学，没有你们的共同努力，这本书就不可能顺利完成。感谢创作过程中参与试读的多所中小学的小朋友，感谢你们各种天马行空、充满想象力的意见和建议。在本书创作过程中，我们查阅和参考了一些史料、消防同行撰写的科普文章，在此一并表示感谢。

2024 年 1 月 1 日
于中国科大西校区也西湖畔

目录

开篇

火，到底是什么？

火与宇宙的关系是什么？

火在生命起源的过程中扮演了何种角色？

——火对于人类而言如此熟悉，却又如此神秘。

接下来，请大家带着各种问题随我们一起探索火的奥秘吧。

我们的蓝星

🔥 寒武纪：地球历史上的一次物种大爆发

约5.4亿年前，地球大陆架裂解造成全球范围内大量火山喷发，释放的热量使得地球温度和海平面大幅上升。旷阔的海域、适宜的温度、丰富的物质，为生物多样性的爆发提供了充足的条件。

这一时期，地球的初代霸主奇虾登场。当然，还有我们更熟悉的三叶虫——火与生命的交织进入一个新纪元。

🔥 人类与火

人类与火的第一阶段互动发生在约150万年前，即通过添加树枝来保留和延续火种。这一行为堪称地球生命史的"革命性壮举"。

⬤ 文字：最伟大的发明

旧石器时代，居住在洞穴中的远古人类将生活中的所见所想刻划于岩石表面。这些距今 2 万年左右的岩画，被认为是人类最早的文字符号，内容涵盖了日月、星辰、狩猎、舞蹈、神灵和祭祀等诸多方面。

人类社会真正意义上的成熟文字系统诞生于 3600～5500 年前，包括两河流域楔形文字、我国商朝甲骨文、古印度印章文字、玛雅文字等。它们是古人智慧的结晶，也是现代文字的最初形态。

🔥蜕变

火和文字对于祖先而言，一个解决了物质层面的问题，另一个解决了精神层面的问题。从此，人类彻底和动物区分开来，成为这颗星球上独一无二的存在。

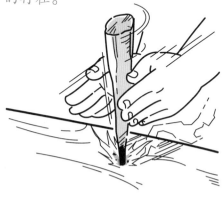

突然……

岩画上的这团小火苗似乎有点异动，难道……

🔥 火团团

　　看起来很正式、很靠谱的科普小助手登场！这团小火球是藏身于大自然的远古火系精灵（虚构），通晓很多与火相关的知识，讲解、逗乐、向导、考古等任务就交给它了！

第四纪大冰期

❻ 历史的见证者

　　作为历史的小小观察者，火团团随着这颗星球一起不断成长，见到了很多有趣的事——是真的很多很多……

春秋战国时期

　　在它 2 万岁那年，终于进入了精灵的少年期。少年精灵将自动解锁一项神奇的技能——时空跳跃。什么是时空跳跃？往后看就知道了！

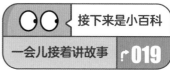

接下来是小百科

这个小单元会和大家一起梳理章节相关的知识点。

趣味知识小百科

❶ 太阳的诞生

关于宇宙的起源，至今仍有很多未解之谜，科学界目前公认的是"大爆炸学说"。在"炸"出一片天地后，过了很久很久，在距今约50亿年前，一大团星云因引力作用而收缩凝聚，其中心因各种反应变得炽热且密集。

又经过了漫长的岁月，直到约46亿年前，我们的太阳才正式诞生，它是猎户座旋臂上一颗年轻的恒星。

◉ 大爆炸学说

这是现代宇宙学中最有影响力的一种学说，认为宇宙是由一个致密炽热的奇点于约137亿年前的一次大爆炸后膨胀形成的。该理论在1927年由比利时天文学家勒梅特首次提出。

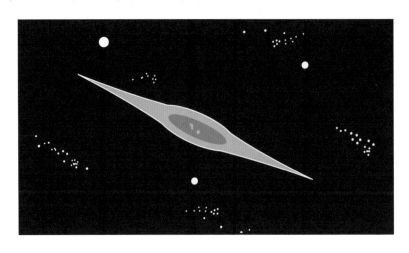

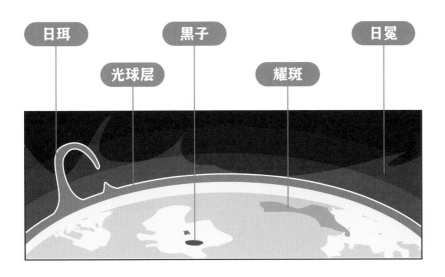

日珥　黑子　日冕

光球层　耀斑

⬤ "燃烧"的太阳表面

"太者，大也。"太阳是一个巨大而炽热的星球。严格意义上讲，太阳上的"燃烧"是核聚变反应。

巨大能量产生的光和热向外传导、辐射和对流，内部聚集的热量时常会像火山一样喷发，突破光球层，在太阳表面形成黑子、日珥和耀斑。而太阳大气的最外层则是日冕，由稀薄的高温等离子体组成。

所以，别看太阳像一个燃烧的火球，其实它的表面完全没有火焰，但它却是地球上几乎所有燃烧能量的初始来源。

❷ 生命的起源

"Are we alone?"（我们是孤独的吗？）这是一个终极问题。现代科学研究表明：地球是迄今为止唯一确定有生命存在的星球。

"Where are we from?"（我们来自哪里？）这则是另一个终极问题，如何从非生命体中演化出早期的生命形态，本身就有着巨大的争议。目前，学界的两种主要观点分别是"地表起源说"和"地外起源说"。

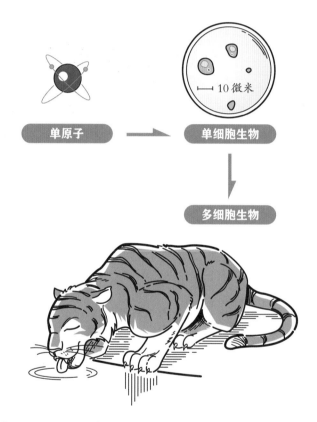

单原子 → 单细胞生物

↓ 10 微米

多细胞生物

"地表起源说"是更易于接受的一种理论，其中又以"化学起源说"最具代表性，大体是：组成有机物的主要元素碳（C）、氢（H）、氧（O）、氮（N）等富藏于地表，而最简单的有机物甲烷（CH_4）仅涉及两种元素，完全可能在地球诞生初期的高温高湿环境中合成。

"地外起源说"倾向于地球生命来自外星，或者高等文明星球。

就现在的科学水平而言，无论哪一种学说的求证，都存在无法逾越的知识鸿沟。为回答上述两个终极问题，人类寻找生命起源和地外文明的脚步一直没有停止。

❸ 用火方法进阶

150 万年前	天火	用树枝等可燃物延续自然界的火，如雷击火。
100 万年前	钻木取火	相传由"人文初祖"燧人氏发明。现代考古学证实，50 万年前北京猿人已能够人工取火。
南北朝时期	火折子	内部保存阴燃火种，长时间不熄灭，一吹即可复燃。
19 世纪初期	火柴	英国化学家发明出摩擦火柴。
19～20 世纪	打火机	起源于战场，目前全球 90% 的一次性打火机产自中国。

火折子

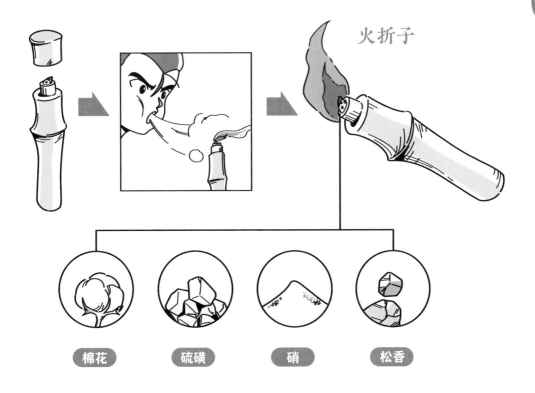

棉花　　硫磺　　硝　　松香

❹ 我们的精灵小助手——火团团

说明一下，由于这是一本"严肃的"科普读物，书中超脱现实的内容都会尽量打上"虚构"的标签——比如火团团，以防止低年龄的读者们要爸爸妈妈去找火团团。

🔥 构造

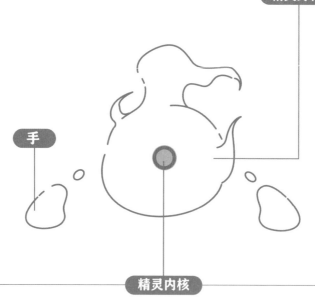

精灵的绝大部分身体由稀薄的火元素构成。其密度小、温度低、质量轻，具有一定的穿透性。总之，可以把火团团的身体想象成一团温暖的棉花糖。

精灵身体

手

精灵内核

高密度火元素内核，其温度非常高，但体积很小，只要不直接接触，就不会产生任何危险。

✿ 技能

别看精灵小小的，本领可大着呢！火团团的部分技能展示如下：

普通技能

● 短时飞行：

　　最长只能飞行30秒，之后必须落地休息。

● 隐入环境：

　　因为身体较轻，可在一定程度上和环境物体相互融合，达到暂时隐身的目的，但必须保证融合的对象不被内核引燃。

● 变形：

　　可以在5分钟内变换身体形状，之后必须休息。

特殊技能

● 时空跳跃：

　　2万岁的少年精灵，自动习得的S级技能，可帮助它在时空中穿梭。但发动技能时需要吟诵口诀，技能发动完会进入冷却阶段，通常是得睡一觉起来才能再次发动。

biáng

⚭ 特别说明

在阅读本书的时候，可能偶尔会碰到生僻字或词，不急不急，一般在这一页的底部就会有注音。另外，翻到书的最后，那里还有一个小词典在等着大家，兴许可以从中找到这些生僻字或词的详细注解哦。

014

❻ 阅读指南小贴士

燕三听令!
领我令牌和
快马一匹,
火速前往府
前大营请救
兵百人!

故事部分 | 百科部分 | 拓展阅读

　　全书共有十章,每一章都包括故事、趣味知识小百科和拓展小阅读三个部分。前九章中,每三个故事片段连接成一个相对独立的故事。

　　翻阅时,可以按顺序看完几个故事,也可以单独看每个故事。当然,也可以一口气先把故事看完,再慢慢浏览小百科和小阅读,完全凭个人喜好。

ö 贴士2

故事页面指引图标

　　如果想先看完故事的话,可以按照这个图标指示的页面进行跳转,它会在每个故事片段结束的时候出现。

接下来是小百科

一会儿接着讲故事　⌐019

下一个故事片段的页码

🔥 贴士 3

故事情节是真实的吗?

严格来说,我们的故事均由主创团队依据历史和生活经验构思而来。其中,第一个故事"长安篇"取材自唐朝的一起火险救援案例;第二个故事"东坡篇"根据真实历史改编,虽有虚构的成分,但大部分情节来自史实,合乎逻辑和情理;第三个故事"故宫篇",灵感则来自小朋友的研学旅行;第四个故事"中国科大篇",带领大家探寻火灾科学国家重点实验室,学习更多火灾科学知识。希望小读者们在轻松愉快的氛围中一边浏览故事,一边学习知识,这不正是科普读物追求的吗?

🔥 贴士 4

趣味知识小百科的知识点从哪儿来?

每一章"趣味知识小百科"中的知识点主要来自本章的故事片段,可以说是通过故事带出知识,这也是我们这本书的主要科普模式。书中知识点均经过文献资料考证,当知识点存在多种说法时,则选择其中相对主流的说法予以展示。

当然,部分知识点可能会发散得比较远,但我们想把"趣味知识"传递给小读者们的初衷是绝对不会变的。

从故事情节提取知识点

拓展小阅读

贴士5
拓展小阅读又是什么呢?

紧接着"趣味知识小百科"的"拓展小阅读"会以口述历史的形式,介绍一个和本章相关的重要知识点,一定不要错过哦!

贴士6
实用小细节一:页码

不同章节对应有不同颜色的页码,彩色色块的页码设计能帮助大家提高检索速度(请从边上看)。

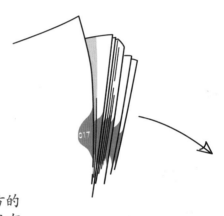

贴士7
实用小细节二:注音

再温馨提示一下,别忘了页面下方的生僻字注音,它们在关键的时候还是很有用的哦!

例如

水井

平日里,它是生活工具。发生火情时,它就近乎等于一个消防栓了。长安城外围水源丰富,正所谓"八水绕长安",包括渭、泾、沣、涝、潏、滈、浐、灞等八条河流。因此,城内有条件开凿大量水井。要说缺点吧,就是取水慢了点。

【注音】:①沣(fēng);②涝(lào);③潏(yù);④滈(hào);⑤浐(chǎn);⑥灞(bà)。

结尾转场

好了，开篇就到这里吧，差不多要进入正题喽！看看下一站火团团会把大家带去哪儿。

神秘仪表

虽然不清楚火团团的魔法管不管用，但它身边的一个神秘仪表确实在不停地运转……会不会是？

第一章

长安的更夫

时间跳转到 635 年，唐，长安城通善坊，好像已经是夜里了。

天干物燥，小心火烛！

快看！民居里的火患

唐朝的超级城市——长安，巅峰时期人口突破 100 万，是当时世界第一大城市。长安城在设计建造时采用了"豆腐块"式的分区式结构，也就是俗称的"一百零八坊"。

每一个坊里住宅密集，人口拥挤，虽然热闹，但也暗藏隐患。就说火灾吧，一旦起火往往会火烧连营。当时建筑内主要采用明火照明，如油灯、蜡烛等。同时，燃灯、烧香拜佛等已成为当时的生活常态。因此，火患已不容小觑。这不，这只小老鼠就闯祸了……

　　唐代出现了我国历史上经济、文化、艺术的一次高峰，木结构建筑工艺和技术也达到了空前水平。当时的宫殿和民居从外框架结构到内部家具，主要的原材料都是实木，这可能会让许多现代人羡慕不已。但由于阻燃手段的缺失，这些实木建筑的耐火性能极差，特别是到了"天干物燥"的时节，甚至可能一点就着。

❂ 机警的更夫小哥

打更，最早是我国古代民间夜间的一种报时方法。按例，在夜里更夫会每隔一个时辰敲一次锣，为大家提供方便。慢慢地，打更从单纯的报时扩展到具有防火防盗、治安巡逻等功能。

随着火势发展，热烟气从窗户溢出，这引起了更夫小哥的注意——虽然只是起火初期，但热烟气已经十分明显了。

❂ 打更，打惊

更夫小哥定睛一看，真的发生了火灾。那就别愣着啦，赶紧敲锣叫醒大家，先自救吧！

多说一句，打更的"更"字早先其实读 jīng，通"惊"，也是它的本意——关键时刻要能惊动大家，让大家在最短的时间内做出反应：灭火、报官、逃生，该干什么就干什么。

　　随着更夫小哥急促的敲锣声和叫喊声，附近的邻居们逐个醒来，其中就有王二，旁边是他 5 岁大的娃。显然，面对这突如其来的响动，大家都还是懵懵的，但过不了多久，一场生死攸关的硬仗就会到来。

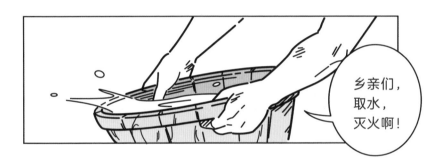

◎ 远亲不如近邻

在消防手段并不发达的古代，邻里之间的互助自救是火灾扑救的第一道措施。各家的水盆、水缸、水井，以及公家的水渠、堰塘等就成了重要的"作战"物资。就当时的建筑防火条件而言，救邻居便是救自己，正如谚语所说："邻家失火，不救自危。"

很快，邻居们都投入紧张的扑火作业了。咦？失火民居的主人好像一直没出现，他在哪儿呢？

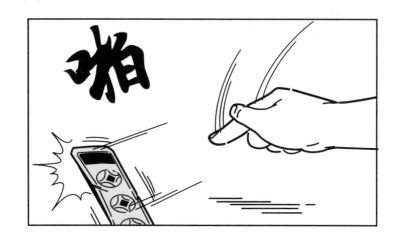

在距起火民居两个街道的一间小屋子里，一群年轻人正围坐在一起打纸牌——"叶子戏"。这是当时风靡长安的一种娱乐活动，由于那个时候夜间实行宵禁，在规定的时间点后不允许大家上街，对于这种涉嫌违规的"夜生活"只能偷偷摸摸地进行。

镜头突然跳转，该不会失火房间的主人就在这里吧？

水娃

看俺的叶子！

　　果然，那家主人正在这打牌打得忘乎所以，对家里的祸事浑然不知。就是穿麻布衣服这位，大家叫他水娃，是城里开面摊的小贩。

　　水娃平日里就大大咧咧，今晚出门前烛灯未灭，就一溜烟跑了。水娃名字的由来就是，爹娘觉得他五行火太旺、命中犯火，没想到这一劫还是没有躲过。看到了没？他五行中缺的应该是防火常识和安全意识。

接下来是小百科

一会儿接着讲故事 039

趣味知识小百科

又见面了

① 打更里的火灾学

对于一些人生梦想是睡到自然醒、不被闹钟打扰的现代人而言，真的很难理解为什么祖先非得让更夫夜半三更敲来敲去。但大家可千万别低估了古人的智慧，打更，这个看似不起眼的工作，实则承载起了一座城市的安防重任。

报时只是打更的基本功能，它最重要的用处是提醒百姓们留心小偷、注意用火和预防火灾。更夫则是行走的安全宣教器、风险预警器和火灾探测器。

还有一个冷知识，古人因为忌惮火灾，常常把"失火"喊作"走水"。

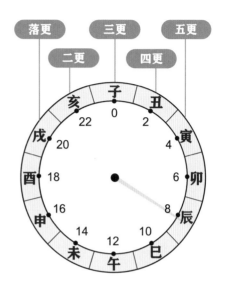

落更　　三更　　五更

二更　　四更

古人的"劳力士"：日晷①

打更需要严格按照时间来进行，我国先人将一天划分为十二时辰，并以十二地支命名，一个时辰等于现代的两小时。

如何准确报时是关键，而日晷正是我国古代发明的先进计时工具：石盘为钟面，投影为指针，根据一天日出日落的影子变化，可以较为精确地判断时刻。

对于阴天和夜晚，投影难以观测，这时就得配合其他计时方法。

早睡早起，有益身体

更夫们一夜得打五次更，从傍晚的戌时落更开始，之后每个时辰一次。对于日出而作日落而息的古人，一般是一更天（19~21点）睡、五更天（3~5点）起，而夜半三更为"子时"（23点~次日1点）。在这个时间段里，对现代人而言，尤其是年轻人，可能刚准备入睡，但对古人而言已是深夜，大部分人处于熟睡状态，也是最缺乏防范的时刻。此时提醒大家防火、防盗，或者用打更声吓退歹人，是非常必要的。

【注音】：①晷（guǐ）。

❸ 我国古代计时方法

太阳

表

圭

西周

圭表

测量日影长短，用于粗略估算时刻与时节。

刻漏

相传西周时期的古人已经观察到水从陶器的细小裂缝流出时，漏水总量与时间流逝的紧密联系，并将之用于推算时间。如果我们把漏出的水用容器收集起来，再插上一根可以浮动的"时刻"标尺，一个原始的计时装置是不是就出现了？这就是刻漏的雏形。

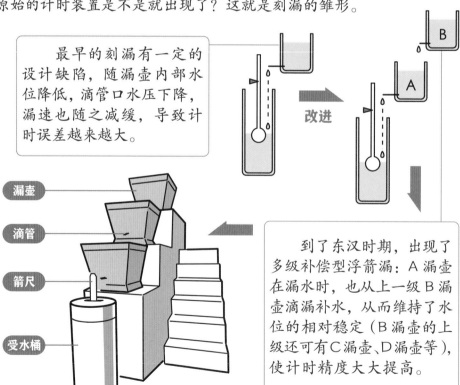

最早的刻漏有一定的设计缺陷，随漏壶内部水位降低，滴管口水压下降，漏速也随之减缓，导致计时误差越来越大。

改进

B

A

漏壶

滴管

箭尺

受水桶

到了东汉时期，出现了多级补偿型浮箭漏：A漏壶在漏水时，也从上一级B漏壶滴漏补水，从而维持了水位的相对稳定（B漏壶的上级还可有C漏壶、D漏壶等），使计时精度大大提高。

汉前

日晷

利用日影测得时刻的一种计时仪器,又称"日规",可以说是圭表的升级版。

宋代

水运仪象台

由北宋苏颂等人发明,以水力驱动,集天文观测、报时系统于一体的大型天文仪器。其精密程度就连900多年后的当代学者都叹为观止,甚至不少专家至今仍致力于重现这套装置。

元代

大明殿灯漏

由元代著名学者郭守敬创制,将漏水量折算成时间刻度。其形似宫灯,放置于皇宫的大明殿上。

明代

五轮沙漏

由明初书法家詹希元创制。以流动的沙驱动齿轮组转动,最后一级齿轮可指示时刻(甚至击鼓报时)。这一机械传动装置和现代钟表非常相似。

测景盘　　　　　　沙池　　初轮

❹ 唐代建筑的特点

唐代建筑的特点是气势磅礴、形体俊美、庄重大方。

唐代典型民居建筑①

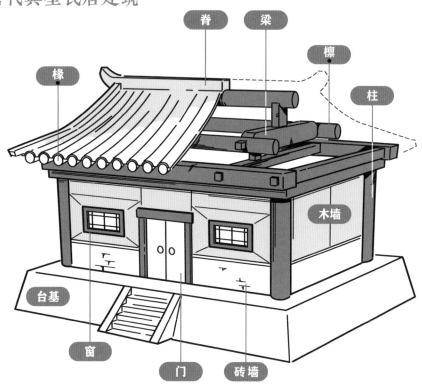

脊　梁　檩　橡　柱　木墙　台基　窗　门　砖墙

建筑中的典型可燃物②

木料

占比最高的可燃物，涉及建筑构件和建筑内的家具用品。

织物

服饰、被褥、绢帛、帷幔和装饰物等。

纸张

唐代造纸术日趋成熟，甚至在唐玄宗时期还有纸质报纸发行。

茅草

茅草也是建筑中的重要材料。

【注音】：①橡（chuán）；②檩（lǐn）。

⑤ 唐代的蜡烛

蜡烛诞生于汉代，繁荣于盛唐，普及于明清。古时候又称为"蜡炬""烛炬"等，是重要的夜间照明工具，也是诸多诗人的灵感来源，例如李商隐的"春蚕到死丝方尽，蜡炬成灰泪始干"。

蜡烛燃烧时并非直接由固体蜡产生火焰，而是蜡受热熔化为液态，然后通过烛芯的毛细作用上移，进而汽化为蜡蒸气参与燃烧。

与现代的石蜡制烛不同，唐代的蜡烛主要由黄蜡、植物蜡或白蜡制成。

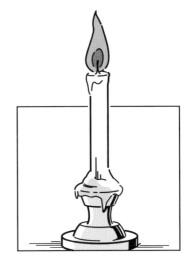

因其造价昂贵，燃烛也是唐朝人炫富的一种方式。如《开元天宝遗事》中记载："杨国忠（杨贵妃的堂兄）子弟，每上元夜，各有千炬烛围。"因此，"烛围"被后世用作形容奢靡的生活。

树脂

幼虫

1毫米

雄成虫

黄蜡

黄蜡就是蜂蜡，是从蜂巢中提炼出来的蜡，多制成蜡块保存，使用时熔为液体，充当油脂燃灯——这种蜡烛也叫"蜜烛"。

植物蜡

从一些出油量较多的植物的树脂里可获取植物蜡，比如乌桕树。除了制作蜡烛外，还可以制皂或制蜡纸。

白蜡

白蜡的主要成分是白蜡虫幼虫的分泌物。有意思的是白蜡虫不仅雌雄异形，小时候和长大后也完全不同。

❻ 老鼠为什么啃蜡烛

首先，从以上制作材料可以看出，古代的蜡纯天然、香气十足。其次，磨牙是许多啮齿类动物的本能，因为它们的门牙会一直生长，一旦过长不仅影响进食，还可能危及生命。既然要磨，那么随处可见的门板、柜子、蜡烛通通跑不了。

❼ 什么是烟气溢流

室内火灾发生后，高温烟气向上流动，并慢慢在屋顶蓄积，多到一定程度后就会从门、窗等开口处溢出，形成烟气溢流。

火焰也是一样，要是屋内火势没能得到有效控制，形成了大火，也会发生火溢流，这就比较危险喽！

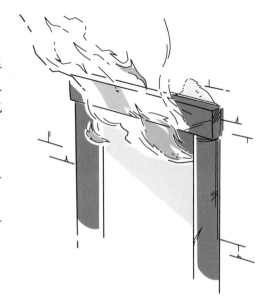

❽ 火灾的典型阶段

室内火灾中最典型的温度变化过程，就是这条像"过山车"一样的曲线——它反映了火灾中的五种不同阶段（状态）。

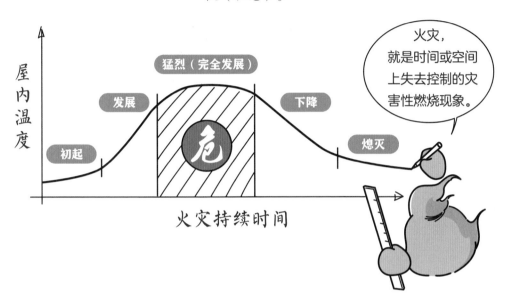

火灾，就是时间或空间上失去控制的灾害性燃烧现象。

1 **初起阶段** 火灾初起阶段，燃烧范围较小，是扑救的最佳时期，前提是能及时发现火灾。

2 **发展阶段** 起火点周边的可燃物或建筑构件开始着火，室内温度逐渐升高。对于灭火救援而言，这是一个关键阶段。

3 **猛烈阶段** 如果发展阶段的火势未能得到控制，则极可能演变为室内可燃物全面燃烧，即火灾完全发展，形成持续高温。

4 **下降阶段** 由于可燃物的消耗或实施了灭火救援措施，火灾范围转而减小，室内温度开始降低。

5 **熄灭阶段** 火势终于变得微弱，直到明火完全熄灭。这一阶段要注意一个现象，即"死灰复燃"。

拓展小阅读

梦回盛唐
梁思成与林徽因

1925 年，在美国求学的梁思成收到父亲梁启超寄来的"天书"——《营造法式》。这本偶然得于江南图书馆的神作抄本，很快将梁思成和未婚妻林徽因拉回祖国。梁启超的初衷是希望梁思成更多地关注中国传统建筑，果不其然，两人回国后便忘我地踏上中国留存古建筑的寻觅之旅。

《营造法式》一书出自北宋年间，当初只为规范建造流程，形成"工程标准"，却不经意间成为传承中国古代建筑技艺非凡智慧与美学的"红宝书"。

林徽因　　梁思成

当时，我国早期古建筑的遗存整理和研究状况并不乐观。想对唐以前的建筑进行文化考据，甚至需要日本学者协助。曾有日本学者断言：中国再无1000年以前的木构建筑，中国人要看唐代木构建筑只能去日本。历经多年，梁思成在全国各地的实地考察中，始终未能发现唐代木构建筑。这，成了他挥之不去的一块心病。

五台山

长期艰苦的田野调查，逐渐将唐代建筑线索指向了山西。但是，梁思成同中国营造学社的青年学者们虽多次前往山西，却始终未能得见。

直到1937年仲夏，梁思成、林徽因一行从《敦煌石窟图录》一书中得到启发，最终才在山西五台山发现了中国仅存的四座唐代古建筑之一——佛光寺。

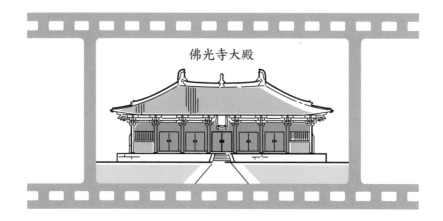

佛光寺大殿

梁思成在《记五台山佛光寺的建筑》中写道："此不但为本社多年来实地踏查所得之唯一唐代木构殿宇，实亦国内古建筑之第一瑰宝。"这件来自遥远盛唐的国宝，历经繁华，依旧安静地伫立在千年之后的夕阳余晖下。

每章末的"拓展小阅读"部分会集中篇幅为大家讲述一个有趣的小故事，还请继续支持！

第二章

望楼传令兵

　　一里^①地外的望楼上，好像有人注意到火灾引起的骚动了。虽然月黑风高，但并不妨碍"鹤立鸡群"的望楼有着格外良好的视野，最先有所警觉的是一名瘦瘦高高的传令兵。

🔥 新兵的大考

　　望楼之上，队正李小帅正带着两名新兵瘦小甲和胖小乙执行首次夜巡任务。这一突如其来的火情显然让两位新兵惊慌失措。队正则沉着稳重，看样子已是身经百战，经验丰富。那好吧，就趁着这次火险，给年轻的新兵们上一课。

---

① 1 里 = 500 米。

🔥 高效的信号传播：声、光

在没有电的时代，古人已深谙声音和光就是最高效的消息传播载体。黑夜里，望楼上亮起的灯笼预示着有紧急情况发生。随之而来，鼓令开始向邻近的望楼和官兵传达具体信息，鼓声越大，鼓点越快，情况越急。"咚咚咚、咚咚咚咚"翻译过来就是"西北边，走水了！"

❻ "中继站"和"5G塔"

很快，距李队正三人最近的另一望楼上，第二队传令兵收到了"火警"。领队的火长立即号令点起屋檐下的大灯笼，并继续把这个鼓令原封不动地传递出去。此时的望楼就是应急通信的"中继站"和"5G塔"。

🔥 分头行动

  鼓声在原本宁静的夜晚显得格外响亮，附近零零星星的武侯们已经闻讯赶来。此时，队正李小帅令瘦小甲速去接应率先赶来的武侯，为他们简述火情并指引道路。而他自己则立马动身前往城门口的大武侯铺，在那里能迅速召集到大量援兵。

  望楼的激荡鼓声、附近的零散武侯、飞驰的小帅队正、蓄势的大武侯铺，构成了一种古老的饱和式救援体系。因为谁也不知道这场火最后会烧到多大，所以灭火队伍必须"饱和"，尽快扑灭火灾，长安可不希望来一场大火。

🔥 进入状态

各司其职，形容的应该就是这种场面吧。在队正李小帅的指挥下，壮硕敦实的胖小乙继续敲着鼓令，而纤细灵活的瘦小甲则迅速从望楼下到街面，接应着先到的武侯们。虽然心里还是紧张，但已没了之前的惊慌失措。

顺便说一下，左边望楼的木爬梯是攀爬的常用装备。由于技术含量不高，发明时间已经无从考证。但早在春秋战国时期，木匠的祖师爷鲁班就发明了将其和铰链、齿轮机构、轮式底座等结合的攻城神器——云梯，可以说是现代消防云梯的雏形。

对了，还有小帅队正呢？

🔥 一骑当先

李小帅已经骑上战马，向城门口的大武侯铺奔驰而去。在唐朝，军队急报时，马是很好的交通工具。当然那时的马并不便宜，长安城里一匹马的价格相当于现在的一辆轿车的价格。

另外，唐朝也是中国历史上马品种最丰富的一个时期。据记载，当时从各族与西域诸国引进的优良马品种有80余种。唐马身形饱满、健硕，从唐三彩马俑便可见一二。总之，唐马是唐代发达社会的一种映射，体现了时代的繁荣与精神。

动画电影《长安三万里》
中的唐马形象

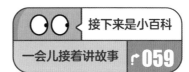接下来是小百科
一会儿接着讲故事 059

趣味知识小百科

① 唐代的军戎服饰

像口罩……

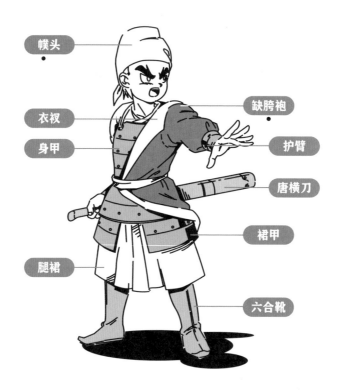

幞头

衣衩

身甲

缺胯袍

护臂

唐横刀

裙甲

腿裙

六合靴

　　唐代铠甲中，步兵甲最为常见。由于全套铠甲一般较笨重，传令兵通常只需穿着部分身甲，甚至仅穿缺胯袍即可。步兵甲腿裙较长，且不开衩，形似裙子，现在看是不是也挺时尚的？此外，传令兵配横刀，因其常常肩负夜巡、兵符传递等重要任务，横刀为防身之武器。

【注音】：① 幞（fú）；② 胯（kuà）。

❷ 唐代基层军队编制

10 个兵为 1 火，头头是火长，
5 个火为 1 队，头头是队正……

单位	平均编制人数					领导设置
火	= 10 ×	兵				火长
队	= 5 ×	火	= 50 ×	兵		队正
旅	= 2 ×	队	= 100 ×	兵		旅帅
团	= 2 ×	旅	= 200 ×	兵		校尉
军府	= 5 ×	团	= 1000 ×	兵		都尉

❸ 望楼

◐ 情报与监控节点

望楼，又称岗楼，坊间街区的实时状态全靠它监控，其主要功能是观敌预警——这里的警也包括"火警"，从一定程度上看，它们可以算是古代的"119执勤岗"。

利用登高望远的原理，士兵们站在高处的望楼楼台上，配合若干望楼形成网络节点式布局，全城一览无余。他们日夜值勤，在紧要关头通过旗帜、鼓令和灯光发出信号。

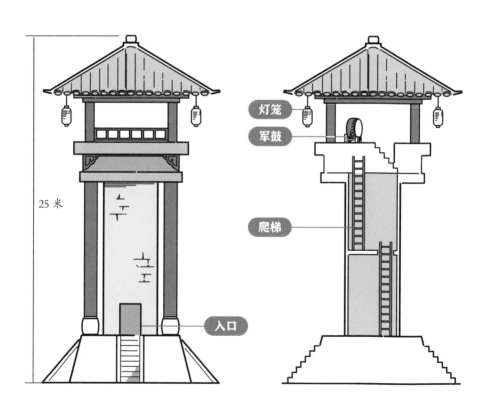

25 米

灯笼
军鼓
爬梯
入口

⚬ 欲穷千里目，更上一层楼

唐代望楼一般高约 25 米，有效可视距离为 1 里（500 米）。和古人的浪漫诗句比起来，是不是不算太远？唐代诗人王之涣在《登鹳雀楼》中的"欲穷千里目，更上一层楼"更多的是一种博大情怀的表达。有学者测算过，假定古人的千里即 500 千米，并且考虑到地球的球形特征，那么这要上的一层楼起码得有 20 千米高。

⚬ 唐朝登楼诗

唐诗有一特殊门类，叫作"登楼诗"，此处的"楼"，一是望楼，二是西楼。登望楼主要抒发家国情怀，登西楼则主要表现乡愁故恋。因为东方是主人之位，西方为客居之地。既是客居，思乡怀旧，抒发羁旅之情，就是很自然的事了。西楼还经常和明月一起出现，因为月亮是联结故土的纽带。

夜深人静时，千言万语无人诉，何不登楼远眺，寄情于吟诵，于是一首接一首登楼诗就这样诞生了。

❹ 唐以前的防火举措

在第一、第二章里，我们的故事主要围绕唐代火灾初期"报火警"的应对体系展开。事实上，唐以前，我国就已经出台过火灾防治的相关制度，甚至还为此设有专门的官员。相比国外的"石头古建筑"，也许是由于我们中国古人对木质建筑的偏好，所以对防火的思考也起步更早。

周朝

大约在周朝，官府就会在春秋时节颁布禁火政令，也设立了掌管用火防火的专门官员——司爟。

春秋战国

管仲 辅佐齐桓公成为春秋五霸之首，把火灾防治视为关系国家发展的大事，提出"修火宪"。

孔子 儒家创始人，所修《春秋》中记载了多次火灾，其中还详细记述了各国防范治理火灾的措施。

墨子 墨家创始人，著有多篇关于防火技术措施的文章，并用大量数据作为支撑，已有我国早期消防技术规范的雏形。

李悝 法家代表人物，所著《法经》正式把火灾防治的内容系统地列入"法"条，并被吸纳至后世法典《唐律疏议》。

哇……

【注音】：①爟(guàn)；②桓(huán)；③悝(kuī)。

墨子主张将泥土糊于房屋的外墙上，充当防火涂层。

泥土

雌黄

雌黄是雄黄的伴生矿物，有一定的阻燃作用，其燃烧时会产生黄白烟雾，因此战国四公子之一的春申君主张把雌黄涂抹在墙体上，用于防火和预警。

消防理念百家争鸣（100）

老子（道家）

> 天地不仁，大火面前皆平等；
> 道法自然，我无为而民自化。

 孔子（儒家）

> 老哥啊，此话听来略消极。
> 火灾治御，我倒认为子产的
> "天道远，人道迩①"更妥。
> 我主张采取务实态度，平日
> 就做好各种防灾准备，以备
> 不虞②，方为上策。

墨子（墨家）

> 同意，所以我在《号令》
> 《备城门》《备穴》中，作
> 了如何防火的论述，以及对
> 火灾肇③事者的论刑。科技和
> 规则才能造福百姓。

 商鞅（法家）

> 所言极是，我承先辈李悝之
> 志，专门修订了《弃灰法》
> 相关法条，可以看看。
>
> 大卫国商城
> **19.9** 齐刀

火团团（群主）

> 大家注意，请勿在群里带货！

052

清源山老君岩

枣庄墨子像

统一版孔子像

【注音】：①迩（ěr）；②虞（yú）；③肇（zhào）。

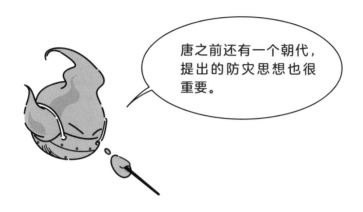

唐之前还有一个朝代，提出的防灾思想也很重要。

汉朝

东汉史学家荀悦在《申鉴·杂言》中提出"防为上，救次之，诫为下"，主张防患于未然。

"防为上，救次之，诫为下"，不正是我们安全科学里强调的风险控制三层级"事前预防、事中控制、事后治理"，以及总体方针"安全第一、预防为主、综合治理"吗？

墨子攻略
古老的消防法规

墨守"城"规

墨子

"墨者，兼爱；墨攻，非攻。"我们来聊聊春秋战国时期一个崇尚和平、追求科学的著名学派——墨家。

我国最早的"国际救援队"、"守城术"与"机关术"的创始者——这些都是历史给墨家这群胸怀天下的学者们贴上的标签。墨家守护之道，在防火工作上体现得淋漓尽致。但早期的防火主要针对敌军对城池的火攻，和常规意义上的消防还有些差别。

在《墨子·备城门》一文中，清晰地记载了城池防火攻的方法，如城门打入木楔，以挂胶泥阻火（是宫殿门钉的起源），城下的柴草每堆需相距100步，城墙上每5步放置一水罐，配水瓢，供灭火和饮用等。这些"量化"的措施，已体现出危险源管理、防火间距、消防器具、防排烟设计等先进概念，这也是现代消防规范的雏形。

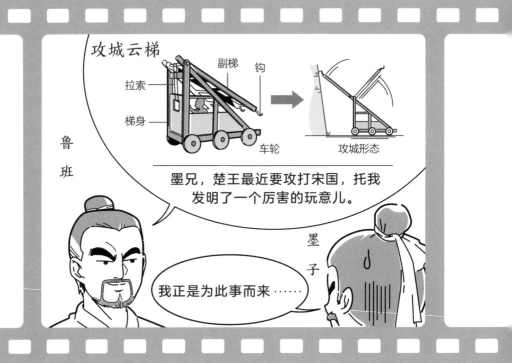

　　公元前 440 年，楚国准备攻打毗邻小国——宋国，特地请大师鲁班发明了一个攻城神器——云梯。墨子得知后迅速赶往楚国，以守城术为筹码，以墨家非攻思想为主张，通过兵棋推演，说服楚王退兵，避免了一场屠戮。这就是历史上著名的"止楚攻宋"。

　　有意思的是，云梯——这个诞生于战争的工具，最终却演变成了救死扶伤的神器，直到现在仍以各种新形态活跃在全球的救援行动中。

　　墨子关于消防规范以及惩戒法令的详细论述，均留存于《墨子》53篇里的《备城门》《备穴》《号令》三文中。文中不仅提出了大量世界首创的观点，还论述了不少具有极强科学性、规范性和可操作性的方法，在世界消防发展史上留下了浓墨重彩的一笔。

第三章

武侯铺登场

✿ 最后的冲刺棒

　　转眼间，李小帅已经赶到大武侯铺，开门迎接的是武侯赵六。大家表情凝重、严阵以待，显然已收到鼓声传递的简要信息，详细情况就让小帅来传达吧。至此，传令兵们的最后一棒就算成功交出了，接下来看武侯们的表现吧！

🜂 救援策略制定

古人应对突发事件的策略基本建立在各自经验之上。赵六作为一名资深武侯，首先从小帅的情报里提取出了重要信息："通善坊""硬山顶民居""明火外溢""原因不明""联排十户""暂未引燃邻屋"。

随后，赵六立即把在岗的其他三十余位武侯召集到桌上常备的长安城地图前，与小帅一起，共同商讨救援策略。救援策略需要在很短的时间内制定出来，这考验的是武侯们的经验。

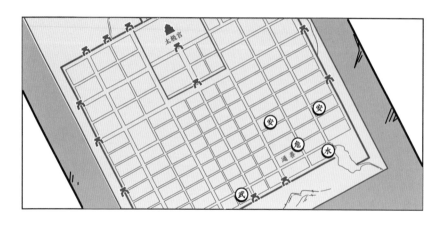

🔥 小地图大用途

此时，这张长安一百零八坊地图成了焦点，所有的"排兵布阵"都在这上面设计完成，包括人员疏散规划、水源获取路线、百姓撤离安置、扑救作战方式，等等。

好了！策略已定！兄弟们，带上装备即刻出发！

🔥 工欲善其事，必先利其器

这是武侯铺的消防装备间，灭火之前先带足救援装备吧。虽然相比现代的消防设备显得简陋了一些，但原理却一点不过时。最左边的是灭筒，作用如水枪；中间的是水桶，就是一个移动水基灭火器；最右边的大水箱，就是消防水箱，装满水是很重的，需多人肩抬方可移动。

群马奔腾

遵照刚才的部署，大家各司其职、分头行动。救援装备由马车率先拉去起火现场，并由一波武侯随行。另一波武侯负责取水，同样也由马车运输。由于灭火用水量极大，且无法精确估计，所以取水的行动将一直持续，直到将火彻底扑灭。

🔥 十万火急

　　武侯大部队终于抵达，一边疏散群众，一边组织扑救。幸好在邻里乡亲和先头部队的奋力扑救下，火势暂未蔓延到周边民居，但水娃的家算是报废了。用我们现代科学术语描述就是：顶棚和门窗被火焰彻底烧穿，室内可燃物大面积燃烧，火灾已经处于完全发展阶段。

　　此时，武侯赵六心里只有一个念头：趁还没产生更大影响前，必须立即扑灭大火！一刻都不能耽误！

🔥 水桶组

无须点赞，基本操作。门槛不高，对准就泼。

🔥 水囊组

这种用猪、牛等动物的皮、膀胱等材料制作而成的"水炸弹"具有强大的冷却作用，可有效降低可燃物温度，还可直接扑灭小型火点。同时形成水膜层、蒸汽场，能在一定程度上隔绝和稀释氧气，进一步提高灭火功效。

🔥 溅筒组

凭借角度灵活、射程够远的优势，主攻房屋高处火焰和其余的零星火点。

三刻钟之后，通善坊大火完全扑灭。

终于，战斗可以告一段落。

虽然紧跟着还得打扫战场，但先让大家歇口气儿、缓过神儿吧。

❥送你一朵小红花

谢谢大家！长安城幸免于难，得益于这套古老而有效的消防保障体系。这就是唐代一个普通民居起火的故事，好像结局也不是那么糟糕。除了一个人……

水娃啊水娃，就当长了个教训吧，
虽然学费是贵了点……

所谓的"惊掉下巴"，
大概就是指的这种表情了！

长安篇故事结束

加油！努力！十年之后，再盖一栋新房！

接下来是小百科

一会儿接着讲故事 083

① 治安消防组织武侯铺

幞头

圆领右衽袍衫

◐ 武侯

武侯这个职业类似于我们现代的"民警＋消防员"。唐代武侯的主要任务就是维护治安和救治火险，即处理危害公共安全的社会突发事件。一身黑色的行头，给人严肃的印象，同时还便于夜间行事。

【注音】：①衽（rèn）。

武侯铺及其编制

武侯们的专门组织就是武侯铺了，由金吾卫领导。武侯铺分布在长安城的各门各坊里，构成了迅捷的警情传达和应对系统。

不良人

正如字面意思，由于唐都长安地广人多、难以监管，政府不得已任用部分熟悉当地情况的"街溜子"来协助武侯维持治安。这一特殊的职业就叫不良人，由不良帅统领。

位置	武侯部署	
大城门	100×	人
小城门	20×	人
大坊	30×	人
小坊	5×	人

❷ 长安一百零八坊

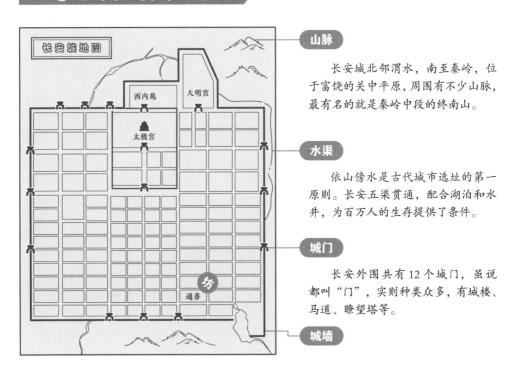

山脉

长安城北邻渭水，南至秦岭，位于富饶的关中平原，周围有不少山脉，最有名的就是秦岭中段的终南山。

水渠

依山傍水是古代城市选址的第一原则。长安五渠贯通，配合湖泊和水井，为百万人的生存提供了条件。

城门

长安外围共有 12 个城门，虽说都叫"门"，实则种类众多，有城楼、马道、瞭望塔等。

城墙

长安，公元 6 世纪全球最宏伟的城市之一，号称"一百零八坊"。由于 108 恰好对应 36 天罡和 72 地煞，为国人所喜爱，因此这一坊数也流传至今，"坊间"也慢慢演变为指代"民间"了。

【注音】：① 罡（gāng）。

❸ 坊间的防火设计

宋璟

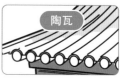

砖瓦结构

条砖

陶瓦

盛唐时期，砖瓦陶土烧制技术已非常成熟。砖瓦结构不仅用于宫殿庙宇，也走进了寻常百姓家。这种新材料，对保护木结构房屋少遭火患起到了重要作用。

在唐朝的消防工作战线上，有位名臣不得不提——宰相宋璟。为官期间，他大力推行和普及砖瓦烧制工艺，对原有的竹茅房屋以陶瓦加以改造，新建房屋则全面采用砖瓦结构，极大地提升了长安城的整体防火水平。

防火分区

坊既是功能分区，也是防火分区。长安坊间的街道宽度为35～65米，尺度与现代的森林防火隔离带大致相同。《新唐书》中记载，岭南节度使杜佑明确提到"开大衢①，疏析廛闬②，以息火灾"。

❹ 再谈防火分区与防火间距

✦ 火焰引燃形式

防火分区：指用防火墙等能够将火灾限制在一定区域的防火功能划分。防火间距：是指可燃物发生燃烧后，即便不作防护，邻近区域也不会被引燃的最小间距。要弄清分区和间距的作用，首先还得知道火焰对周边可燃物的三种热量传递形式——热传导、热对流及热辐射。

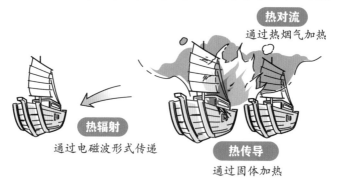

热对流
通过热烟气加热

热辐射
通过电磁波形式传递

热传导
通过固体加热

【注音】：①衢（qú）；②廛（chán）闬（hàn）。

无论是防火分区还是防火间距，其核心作用都是阻断或削弱火灾中的热量传递。当然在具体定量设计的时候，还牵涉诸多影响因素，如环境风、可燃物种类、消防设施等。

　　可燃物过度密集往往会导致火烧连营，这是曹司空（曹操）在三国赤壁之战中留给后人的教训。

💧 溅筒

　　将粗竹子做成长竹筒，一端固定在猪牛羊等动物皮囊缝制的水袋上。灭火时，先把水袋灌满水，然后再用力按压，水就可以喷涌而出，原理和右图挤压袋装牛奶类似。

　　粗竹筒部分，一般2~3米长。而水袋部分，装满水重150~200千克，所以，较大的溅筒往往至少需要两人合力操作。

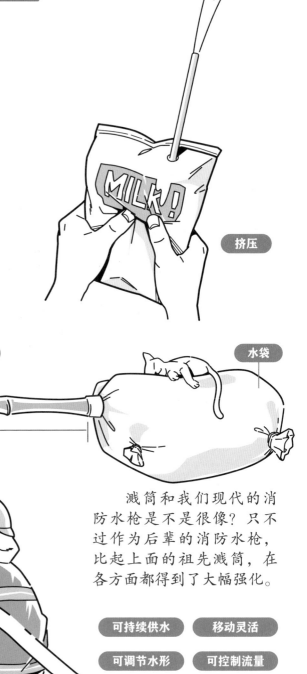

挤压

竹筒

水袋

2 ~ 3 米

　　溅筒和我们现代的消防水枪是不是很像？只不过作为后辈的消防水枪，比起上面的祖先溅筒，在各方面都得到了大幅强化。

可持续供水　　移动灵活

可调节水形　　可控制流量

喷射距离远

💧水囊

和溅筒的水袋相比，水囊要小不少，通常由大型家畜（如猪、牛等）的皮、膀胱等材料制作而成。也有用油布缝制的水囊，称为"油囊"。灌满水可单手抓握，直接扔向着火部位，水囊破裂后，水瞬间流出以灭火。

💧水桶

这是大家再熟悉不过的物件，古时候，家家户户都有水桶。但是，对于大型火灾而言，水桶却并不是特别理想的灭火工具。其短板在于：首先，泼水的距离有限，救援人员需要靠近火焰才行，增加了救援危险性。其次，水力不够集中，易形成"散弹"。最后，泼准目标有难度。所以水桶更多用在初起的小火灾扑救。

💧水箱

不论是武侯专用的大木水箱，还是老百姓家里储水的水缸，在火灾发生时，都是重要的间接供水源，可为水袋、水桶等提供多次补给。

💧水井

平日里，它是一种生活工具。发生火情时，它就近乎等于一个消防栓了。长安城外围水源丰富，正所谓"八水绕长安"，包括渭、泾、沣、涝、潏、滈、浐、灞等八条河流。因此，城内有条件开凿大量水井。要说缺点吧，就是取水慢了点。

【注音】：①沣（fēng）；②涝（lào）；③潏（yù）；④滈（hào）；⑤浐（chǎn）；⑥灞（bà）。

❻ 唐代的几场皇城大火

🔥 战火

唐代宫殿鲜有遗留后世，很大的原因就是火灾。准确地说是战火。唐朝中后期，经历了"安史之乱""黄巢起义"等一连串动乱，这些宏伟的建筑奇迹终归焚荡无遗。

历史记载长安的皇城宫殿曾遭遇数次大火。

安史遗祸

757年 安史之乱发生两年后，朝廷反攻长安。叛军逃亡时焚毁兴庆宫、长春宫，造成了巨大的损失。

吐蕃侵扰

763年 唐朝国力衰退，吐蕃来袭攻陷长安，在城内大肆焚掠，大内三宫（太极宫、大明宫、兴庆宫）皆遭破坏。

黄巢起义

881年 著名的唐末农民起义，起义军和镇压军你来我往，长安近乎沦为焦土。

焚宫而逃

883年　　　黄巢军大势已去，在逃亡前一把大火，使三宫复焚。

祸起萧墙

904年　　　节度使朱全忠谋反，欲立新都，遂焚烧御院及百姓民居，至此，当时的世界第一名城彻底化为废墟。

拓展小阅读

防火抗震看这家
有趣的土楼

陈元光

土楼

　　唐朝，除长安这种城市模式，我国东南部山区还兴起了一种非常特殊的部落式聚居方式，其主要单元是"土楼"。

　　据史料记载，唐高宗年间，岭南道行军总管陈元光，承父遗命，开拓治理闽南漳州等地。耕战期间，他组织百姓和军兵探索能同时满足生产、居住和防御的建筑，最终发明建造了兼顾兵营、住家、碉堡功能的围楼，即早期的土楼。陈元光也因在唐朝多民族融合中作出的巨大贡献，被尊为"开漳圣王"。

"四菜一汤" 天圆地方

圆圆的外形、厚厚的土墙、稳重的石头墙基是土楼给人的初步印象。实际上，土楼有方的、圆的、椭圆的，甚至有五角形的，形式多样。比如上图这个著名的福建省南靖县的"四菜一汤"，左上方就是个椭圆形土楼，中间则是正方形土楼。

土楼的精妙在于它的防火、防震设计，其中处处体现着祖先的智慧。

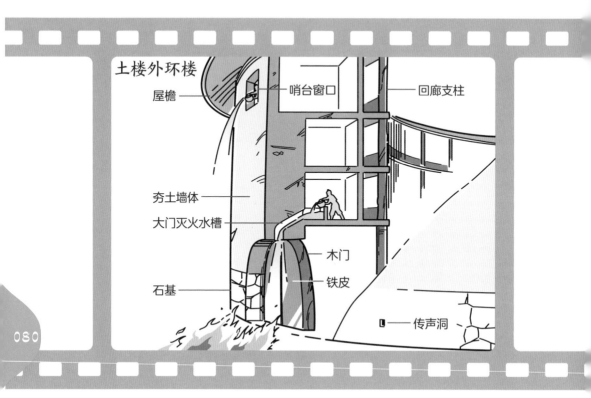

土楼外环楼

屋檐 —— 哨台窗口 —— 回廊支柱

夯土墙体 ——

大门灭火水槽 ——

木门

石基 —— 铁皮

—— 传声洞

　　我们以最常见的圆形土楼为例，通常分内、外环。外环直径为50~80米，外墙厚度约2米。土楼的墙土配方复杂，包括土、沙、石、竹片、杉木条，甚至糯米、红糖和蛋清等，固化后不仅坚固，而且耐烧。

　　土楼最初的防火设计主要针对外敌火攻，在唯一的出入口"大门"处，修建了灭火水槽。同时，从高处的哨台窗口也可泼水灭火和还击敌寇。大门由厚木板蒙铁皮制成，配合外墙体可谓坚不可摧。后期土楼还在内部加装了封火石墙，将其划分成若干扇形防火分区，防火性能得到进一步提升。

　　而对于抗震，"东倒西歪楼"——位于福建省漳州市的裕昌楼，则是最好的证明。得益于独特的墙土材料和圆环结构，这栋600多年前元朝修建的土楼，即便内部廊柱已然歪歪扭扭，至今也仍旧屹立不倒。

福建土楼这个诞生于闽南的建筑奇迹，于2008年被正式列入《世界遗产名录》。话说，"世界遗产"标志本身是不是看起来就像一个土楼呢？

看起来，又要转场了……这不，
反手就拉出一个虫洞……

跳跃！

火团团准备带我们去哪儿？

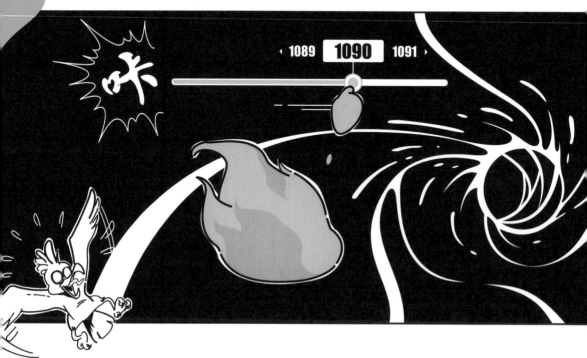

第四章　西湖无火事

东坡篇开始

1090 年，宋，杭州西湖湖畔，正值冬去春来的"灯夕"佳节。

杭州知州　苏轼
字子瞻，号东坡居士

欲把西湖比西子，果真是好景啊！

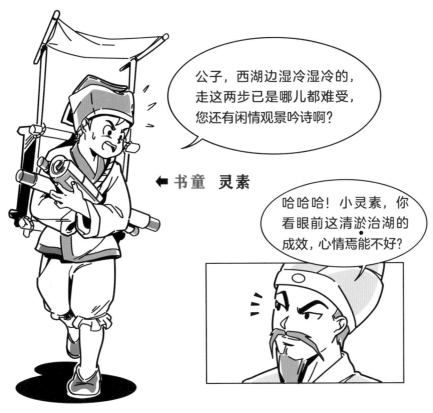

← 书童 灵素

✿ 江南景致

苏东坡一生两次为官于杭州，其重要的政绩就是西湖治理和杭州水系的疏通。初到杭州时，西湖杂草丛生，淤泥堵塞不通。历经长久整治后，才有了他诗句中的"欲把西湖比西子，淡妆浓抹总相宜"的景致。

苏东坡此生另一大政绩则是火备工作。当时的杭州建筑密集、可燃物众多，可谓处处隐藏着火患。

【注音】：①淤（yū）。

公子，今晚的灯夕家宴该有醋鱼了吧?

差点忘了，得赶紧托后厨去西市置办些食材，晚上我亲自露一手。

🔥 热闹的市场

　　和唐代有着较为明显的功能分区不同，宋代几乎没有这种限制，商人可以灵活选择店址，商住也可一体，颇有当今商圈和SOHO（商住办公楼）的味道。正是这种自由的营商环境，使得宋代的商业氛围达到我国历史上的一个小高峰。对于这一点，《清明上河图》便是最好的佐证。

　　此外，夜市的概念也是从宋兴起，政府逐渐放开对公共区域的宵禁。此刻，杭州城西人群熙攘，看来大家都在为今晚的节日庆典做着准备。

闹市区的望火楼

⑥灯夕家宴

灯夕是元宵佳节在宋时的叫法。傍晚时分，苏府已是欢声笑语、宾客满堂。苏东坡不仅留下了千古流芳的诗词，一些由他创制的菜肴也是百世传承，如东坡肉、东坡鱼、东坡肘子、东坡豆腐，等等。

宋朝是我国"合餐制"成为主流的起始。这不，家宴上，众人围坐，觥①筹交错，其乐融融。

【注音】：①觥（gōng）。

另一边，杭州城的夜市上，人潮涌动，锣鼓喧天，鞭炮齐鸣，烟花璀璨！

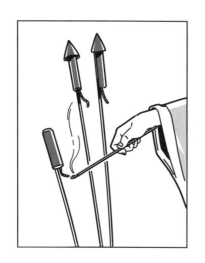

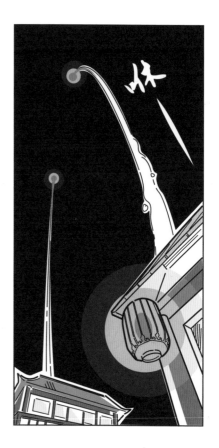

啪……

⚆ 处处是火患

丰富多彩的庆典往往会持续到深夜。

歌舞升平、一派祥和的背后，隐藏着诸多危机。其中，最大的风险就是火灾。

在人口拥挤、建筑稠密的杭州城，这些彻夜点亮的烛火、漫天飞舞的烟花，甚至家家户户的灶台，都可能给这座不夜城带来巨大灾难。

一些高温的烟花颗粒掉落在屋顶上，上图左边三楼的窗帘该不会被引燃了吧?

接下来是小百科
一会儿接着讲故事 ⌐105

① 火德王朝：宋

宋在立朝之时，便奉行"以火德上承正统，膺五行之王气"。这里的火，来自我国古代哲学思想——五行说。人有五行，国亦如此，五行轮回，相生相克。

🔥 五行说

基于当时的认知水平，我国古代的哲人将金、木、水、火、土五种元素看作构成宇宙万物的基础。

五行说被应用于多个领域，如古代医者将人体的五脏与之对应，发展为中医的主要学术理论。之于国家，据《史记》记载，从秦始皇开始，国家五行说便流行起来。由于宋的前朝"后周"为木德王朝，本着"木生火"的原理，宋朝确立了火德属性，供奉炎帝为感生帝（当时帝王在天上的父亲）。

炎帝

公元前3000多年，我国上古时期姜姓部落的首领，因懂得用火，称为炎帝。

初代炎帝简介

姓	姜	氏	神农氏、烈山氏
特征	牛角头饰	**出生地**	古陕西姜水
大事件	发展草药，发明刀耕火种		

炎帝和另一位大神——黄帝，并称华夏文明的始祖。

初代炎帝
神农尝百草

叔叔好，我也属火。

❻黄帝

　　和炎帝一样，黄帝同为我国古代部落联盟首领。因广播谷草、发展生产，有土德之瑞，故得黄帝之名。

　　相传，黄帝手持号称拥有"最强力量"的上古十大神器之一——轩辕剑，所向披靡、战无不胜。

黄帝

轩辕剑

黄帝简介

姓	姬	氏	轩辕氏
尊称	五帝之首、人文初祖等	部落	古华夏部落
大事件	拓展粮食种类，建立古国体制		

51 米

河南炎黄二帝巨像

🔥 黄炎结盟

传说生活在黄河流域的炎帝部族和黄帝部族联合在涿鹿一战中打败蚩尤部落。此后，黄炎结盟，逐渐形成华夏族。后人尊称炎帝和黄帝为中华民族的人文初祖。

🔥 人文初祖

人文初祖，特指对中华文明作出巨大贡献的先贤们，除了炎帝和黄帝外，还有三位。

神农氏	轩辕氏	有巢氏	燧人氏	伏羲氏
炎帝	黄帝			

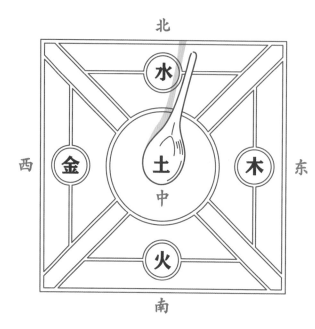

对于这个问题，看似和我们刚才的内容无关，实则不然，这是一个直接关于五行说的小知识。

五行与方位

在五行说的理论中，东方属木、西方属金、南方属火、北方属水、中央属土。这套体系在我国古代有着深厚的群众基础，那时大家认为，东和西所代表的木和金是具象的、贴近生活的物件，而其他三个方位代表的元素则相对抽象一些。

商业街的讲究

基于五行与方位的理论，我国古代城邦乃至当今大城市的主要市场或商业街，绝大部分都按照东西走向设计，称为东市、西市，又或是东街、西街。

买东买西

因此，老百姓在逛街时，通常就是逛完东街（东市）逛西街（西市）。所谓的东逛西逛、东看西看、东买西买，最终就演化为了"买东西"。

当然总有例外，大家还记得这段诗词吗：

东市买骏马，西市买鞍鞯，南市买辔头，北市买长鞭。

其出自南北朝时期著名的《木兰诗》，也有考据说这是
一种"互文"修辞手法。

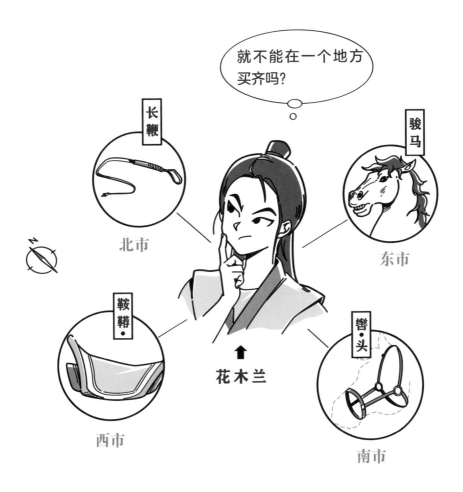

【注音】：① 鞯（jiān）；② 辔（pèi）。

❹ 节日的朵朵烟花

🔥 重要节日

　　相比快节奏的现代而言，宋朝的节假日不可谓不多，通常还伴有歌舞庆典。

大节

岁节（春节）、冬至、寒食等3个，
休沐（休假）7日（主要针对官员）。

中节

圣节(皇上生日)、灯夕(元宵、上元)、
中元、夏至、腊日等5个，休沐3日。

小节

近20个，多与节气相关，休沐1日。

节日舞狮起源于南北朝，
但真正深入民间是在宋朝。

我国古代诗词中，有不少关于燃放烟花的描写

灯树千光照，花焰七枝开。 ——隋·隋炀帝《元夕于通衢建灯夜升南楼》

东风夜放花千树。更吹落，星如雨。 ——宋·辛弃疾《青玉案·元夕》

纷纷灿烂如星陨，㸌㸌喧㒔似火攻。 ——元·赵孟頫《赠放烟火者》

百枝然火龙衔烛，七采络缨凤吐花。 ——明·刘绘《元夕同杂宾里中观放烟火》

火树拂云飞赤凤，琪花满地落丹英。 ——清·雍正皇帝《元夕》

【注音】：①㸌（huò）；②㒔（huī）。

✦ 烟花结构

在重文轻武的大环境下，娱乐生活丰富多彩，烟花正式发展为全民娱乐消费产品。其中，最常见的宋代"流星"（类似现在的冲天炮）结构如下：

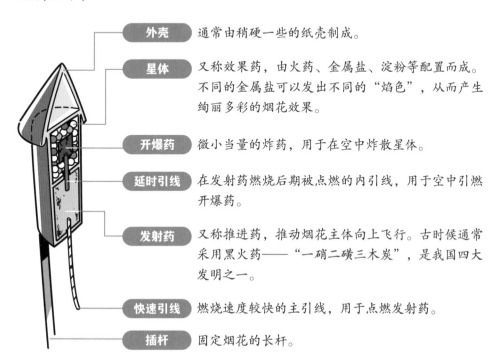

外壳 通常由稍硬一些的纸壳制成。

星体 又称效果药，由火药、金属盐、淀粉等配置而成。不同的金属盐可以发出不同的"焰色"，从而产生绚丽多彩的烟花效果。

开爆药 微小当量的炸药，用于在空中炸散星体。

延时引线 在发射药燃烧后期被点燃的内引线，用于空中引燃开爆药。

发射药 又称推进药，推动烟花主体向上飞行。古时候通常采用黑火药——"一硝二磺三木炭"，是我国四大发明之一。

快速引线 燃烧速度较快的主引线，用于点燃发射药。

插杆 固定烟花的长杆。

步骤 1 点燃引线

发射药起推

步骤 2 飞向天空

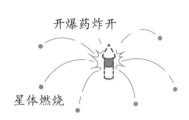

开爆药炸开

星体燃烧

步骤 3 烟花炸开

热闹归热闹，漂亮归漂亮，以科学的观点来看，这些都算火灾隐患哦！

🔥 火警专用

　　西市的望火楼是宋朝一大特色，如果说唐代望楼是多功能瞭望塔的话，那么宋朝的望火楼就是实实在在的"火警专用"了。据说，1032年发生的宋皇宫大火，使官方不得不更加重视防火工作。后期推行的举措之一就是设立这种专用的望火楼。

　　宋朝的许多著名画作中，可以看到各式各样的望火楼。这也说明在很长一段时期，这种设施的建造并没有被规范化，直到《营造法式》一书的问世。

类型1

类型2

又见"法式"

　　没错，就是我们第一章提到的那部神作。《营造法式》编修成书于1100年，其后通过皇帝下诏进行推广。书中，一个标准望火楼结构大体是下页呈现的效果。

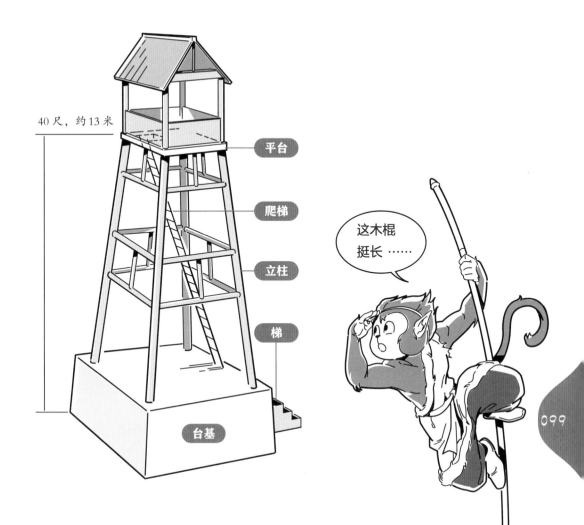

40尺，约13米

平台

爬梯

立柱

梯

台基

这木棍挺长……

　　由于功能相对单一，主要用于报告火警，所以相对唐代的望楼，其坚固性和成本都要低一些，适合全国推广与批量建造。

⑥ 上头的小知识

各种各样的头戴物

　　前文中，各色人物出场时，头顶的配饰是不同的，这可不是随便画的。我们的先辈对于头顶上的所戴之物讲究非常多。冠、冕、弁、巾、帽、盔、笠，门类繁多，可不是一两句话能说得清的。这里我们重点看几款出现频次比较高的，看看哪款你们更心仪？

缁撮

最朴素的、在百姓中最流行的头巾，捆住头发、防止散乱。

幞头

裹头的软巾，后面高起的部分是因为里面垫了衬架，始于汉，一直流行到明。

乌纱帽

由幞头演化而来，主要由官员佩戴，外罩为漆纱，到了宋朝还加了一对"翅膀"。

纶巾

因诸葛亮而闻名，也称诸葛巾。多为儒将所戴,如"羽扇纶巾，谈笑间，樯橹灰飞烟灭"（苏轼作）。

幅巾

即整幅帛巾制成的头巾，始于汉朝，宋时极为流行，多为士大夫穿戴。

100

【注音】：①弁（biàn）；②笠（lì）；③缁（zī）撮（cuō）；④纶（guān）。

我也想来
一顶……

儒巾

又称方巾，由先秦时期的方冠演变而来，为读书人常用，苏东坡的小书童头戴的就是一种儒巾。

东坡巾

因苏东坡而闻名，呈花朵绽放状，相传苏东坡发明该物时正身陷囹圄，借由此巾抒发冲破禁锢的才情。

网巾

明朝最具代表性的男子头饰，由元末道人发明。明史记载："人无贵贱，皆裹网巾。"

范阳笠

虽诞生于五代十国，却成了宋朝军队的最爱。还记得豹子头林冲头戴此帽、英姿飒爽的形象吗?

燧人氏，中华人文初祖之一，他的故事发生在旧石器时代。由于年代太过久远、记载太过模糊，几乎已经没人能准确说出那时到底经历了什么，只有他发明钻木取火的伟大事迹被口口相传。

中国社会科学院的官方著作《中国历史年表》中将燧人氏所处时期界定为大约100万年前。在此之前，原始人类想要利用火这种工具，通常只能等待天火降临，如雷击火、火山喷发、森林自燃等。

钻木取火

　　燧，我国古代专用于钻木取火的木工具，有"木燧取火于木"一说，其原理就是摩擦生热。在那个蛮荒的时期，连人带动物都避火而行，却偏偏冒出一位敢于吃螃蟹且知道如何吃的大神，为华夏大地带来了真正意义上的火种。

　　燧人氏的族群在掌握取火方法后，开始尝试和引导先民们吃烧熟的动物肉类，结束了茹毛饮血的时代。他本人被拥戴为部落首领，更被后人们尊为"火祖""燧皇"（位列三皇之首）。

　　此后，燧人氏这个称呼，逐渐就演变成了我国火之文明时期部落首领的集合（类似"炎帝"这种尊称）。一代一代的燧人氏不仅掌握了火，还发明了结绳记事、远古的符号类文字。

　　火为人类带来了温暖、安全和光明，夯实了部落群居的基础，为国家的诞生和思想的启蒙提供了助力。就像我们在开篇中提到的，火和文字让人类和动物真正区别开来，使我们这个种群迈进了崭新的纪元。

第五章 火袭钱塘夜

🔥 吃酒误事

　　书接上回，落在屋顶的烟花本该引起大家的警觉，奈何此时众人正在兴头上，目光都集中在大街上的各种庆典活动，完全没注意到三楼窗帘所发生的一切。真正应发挥作用的望火楼好像也失了灵。原来，站岗的军巡铺兵阿福刚在楼上自顾自地喝酒赏月，已然睡去。

随着火势扩大，大街上的人发现了火灾，开始大叫起来。阿福猛然惊醒。从他的表情可以猜到，猛火已起，在劫难逃。

当时负责城市治安和消防的驻军单位是军巡铺。宋代长期处于社会大和平的状态，所以朝廷、军队、民间均饮酒之风盛行。很多大事直接在酒桌上完成，如著名的宋太祖"杯酒释兵权"。不得不说，"崇文抑武"加上肆意饮酒，不断挫伤着将士们的战斗力，北宋灭亡与此有很大关系。

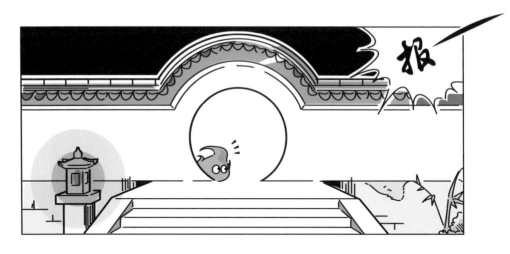

与此同时，军巡铺的一位马兵已火速把坏消息报到了苏府别院。

什么！

大……大……大人！
大事不好！
杭州城大火！

　　家宴戛然而止，对苏大人而言，可没有太多时间惊讶，必须立刻出门迎战！

🔥 亲临火场

　　虽然战机有些贻误，好在当时的杭州城内设有数十个军巡铺。此时，距火场最近的铺兵将士们已经赶到。作为知州的苏东坡，则亲自率领一队人马前往火场，与之会师。

　　与唐代不同，北宋政府实际上并不提倡百姓遇火自救，而需等军巡铺这样的专业兵士来扑救，主要原因是为防止有人趁火打劫、盗窃财物。所以，这个时期官方消防力量就显得尤为重要，主官亲临火场指挥也时有发生。

哗哗……

⚇ 火烧连营

此时的钱塘江岸，似乎已经出现火烧连营之势。

崇拜火的宋代人，其实一直没少吃火的苦。就以杭州城为例，吴自牧所著《梦粱录》中提到"屋宇高森，接栋连檐，寸尺无空"，"街道狭小，不堪其行，多为风烛之患"。稠密的人口和木结构建筑，再加上家家户户普及的厨灶、庙宇延绵的香火，以及丰富的夜生活，都是导致火灾频发的因素。

其实反过来看，宋代后期之所以能成就如此完备的消防体系，很大程度是由频繁的火灾所致，正所谓"久病成良医"。

🔴 谜之自信

等苏东坡一行抵达火场，已先到一步的左一北厢（军）厢主杨亦昭已在阵前指挥。杨亦昭，江湖人称"杨一招儿"。

杭州左一北厢　厢主
杨亦昭

知州大人，
何必劳您亲自出马，
且看我等一个时辰内拿下此役！

将士们，继续冲！
我等诸位凯旋！

他想必是身经百战，即使面对这样的大火，仍能信心十足、如此乐观。暂不管他灵与不灵，反正对军巡铺灭火的将士们而言，是很大的鼓舞。

对于宋代的专用灭火工具，除了唐代延续下来的水囊、水袋等，还有不少新发明，如"火钩"家族：火钩、火镰、火叉、火锚等，又如竹唧筒和麻搭。它们的外形和功能都很有特点，稍后我们来详细介绍。

 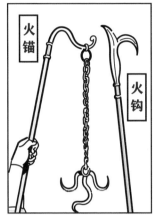 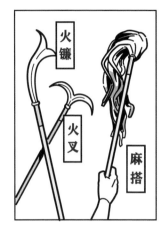

🔥这就是专业

救援场面很是忙碌，但仔细看，会发现铺兵们似乎又忙而不乱。趁这个时候我们来看看以上这些新装备的用途。

上页右边，十多位竹唧筒兵正利用"大水枪"奋力扑灭房顶上的火焰——竹唧筒需和水桶、水箱配合使用，不断补水。麻搭兵们正操作拖把一样的器具，把泥浆大面积涂抹在还未燃烧的墙面和立柱上，既起到阻燃作用，又可拍熄局部小火。

再往左边看，下风处的一队铺兵正在拆掉茅屋。由于火势大，下风向距离过近的房屋很容易被引燃，提前拆除，在防止被引燃的同时，还能形成临时隔离带。拆除工作用到的工具包括斧、火锚、链索等。按宋朝律法，火灾中遭到政府"强拆"的房屋，房屋主人事后将会获得补偿，类似现代"国家赔偿"的概念。

【注音】：① 唧（jī）。

粮料院官仓有浓烟冒出！
冲啊！快攻入救粮！

⬢ 抢救粮仓

忽然，"杨一招儿"厢主发现粮料院的官仓里，从门窗裂缝处冒出股股浓烟。官家粮仓在宋代不少都是战备重地，一旦焚毁，后果将不堪设想。所以想也没想，还是"冲"就得嘞！

只有苏东坡觉得不能鲁莽行事，但还没来得及阻拦，大门已被攻破。

突如其来的一幕

粮仓突破后仅仅一眨眼的工夫，大门处忽然凭空喷出一个巨大的火球，裹挟着热浪把救援铺兵们全部掀了出来。

一时间损伤惨重，哀嚎遍地。两位指挥官显然被刚才这一幕震惊了：这到底是怎么回事？

接下来是小百科
一会儿接着讲故事　下册 1

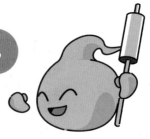

趣味知识小百科

❶ 宋初消防：军巡铺

◉ "坊市"到"厢市"

谈到军巡铺，就得先说清一个概念——厢。由于隋唐大运河、京杭大运河等水利体系的日趋完善，唐以后的中国，经济核心开始从内陆逐步向沿海过渡。流动的人口、活跃的商贸也给城市发展带来了新问题，而解决方案之一就是制度改革。

> **坊市制度**
>
> 该制度一直贯穿于宋朝之前，由一个个方形的物理区块把城市分割开来。政府采取封闭而严格的管理方式，以保障城市平稳运行。这种半军事化的管理在外遇强敌和内遭灾情时有极大优势，但并不利于商业发展。

> **厢市制度**
>
> 该制度是北宋实施的新政。"厢"实际上最初是军事单位，各厢管理特定片区。如北宋杭州就分成七厢，每厢的主官称厢主，厢制则是按照街区作相对开放的管理。在治安和消防上，厢中设立军巡系统，其下又包含若干军巡铺。

🔥 军巡铺

大家有没有发现，本章从一开始望火楼放哨到救火现场，一线消防人员均来自军巡铺。没错！他们正是宋朝早期主要的城市消防力量之一。

军巡铺并非只负责消防，还负责防盗、治安管理、追逃追赃，乃至路沟清理、交通疏导等，近乎等于现代的"派出所＋交巡警＋消防站＋城管局"。所以，诞生于北宋初期的军巡系统并不是一个专职的消防单位。

貉袖

护臂

行缠

麻履

虽为军人，但军巡铺的铺兵一般不穿甲，以便快速反应和执行追捕行动。

119

厢主更似武将，戴"红头"雷巾。

雷巾

对襟罩衫

护臂

束腰

腹围

长靿靴

【注音】：①貉（hé）；②履（lǚ）；③靿（yào）。

军巡铺的编制

军巡铺的编制规模受城市大小、重要程度等很多因素的影响并不统一，且不同时期的运作方式也有所差异。这些都被记录在《东京梦华录》《梦粱录》《宋会要辑稿》《东轩笔录》等古籍中。

时期	城市	军巡铺设置
北宋初	汴京•（开封）	三百步（约500米）一军巡铺屋，铺兵5人
北宋中		除了上述，高处还砌望火楼，楼下屯兵百余人
南宋初	临安（杭州）	二百步一军巡铺屋，铺兵3～5人

注：以上为部分举例，且南宋还出现了其他的专业消防兵种。

没有这么美好

可以看到，北宋以来的消防人手在数量上相当可观，但实际情况真的如这般美好吗？让我们回到1101年这极不平凡的一年。这一年，苏东坡离世，而张择端的旷世画作、5米长卷《清明上河图》横空出世，从这幅图上我们能看到不少关于军巡铺没落，乃至整个北宋亡国的端倪。

【注音】：① 汴（biàn）。

画卷的前部有一处望火楼特写，但楼中空无一人，楼下的兵营则改为了饭馆。

图中望火楼

而画卷后部的城墙上，竟然无重兵把守。这些画面无不真实地反映出北宋末期日趋淡漠的消防意识和薄弱无为的军政管理。

图中城墙

画卷中部的一处铺兵屋外，士兵们身靠院墙、精神萎靡①、昏昏欲睡。

图中军巡铺

这种肉眼可见的衰落，和之前提到的宋代肆意饮酒之风不无关系。想一想，连北宋义士武松都多次上班时间酗②酒，酒后伤人甚至伤虎，就知道当时军政管理之混乱。

要不是多喝了几口，我能打十只！

【注音】：①靡（mǐ）；②酗（xù）。

⚬ 第一步：旗语报警

　　北宋时期报火警，通常由望火楼铺兵在观察到火情后，用信号旗向四周的官兵们发出警报。为什么不沿用唐朝的鼓令了？这是由于宋代全天候商贸兴起，鼓令容易被嘈杂的环境掩盖，后来逐步就被弃用了。到了晚上，则是以灯笼取代信号旗，按同样的规则发令。

　　当时旗语系统作为重要消防配套"软件"，主要作用是标明起火位置，如 A 区域起火摇旗两下，B 区域起火则摇旗三下等。旗语，作为重要的信息传递方法一直流传至今，在不断改进（如加入战术指令等）后，逐步演变为现代消防旗语。

鼓令逐步弃用

白天用信号旗

夜晚以灯代旗

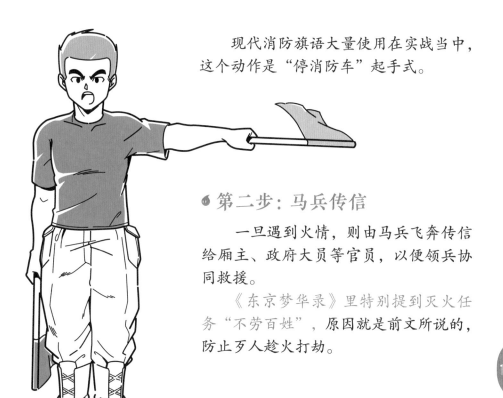

现代消防旗语大量使用在实战当中，这个动作是"停消防车"起手式。

第二步：马兵传信

一旦遇到火情，则由马兵飞奔传信给厢主、政府大员等官员，以便领兵协同救援。

《东京梦华录》里特别提到灭火任务"不劳百姓"，原因就是前文所说的，防止歹人趁火打劫。

各级官兵与军巡铺兵协同作战

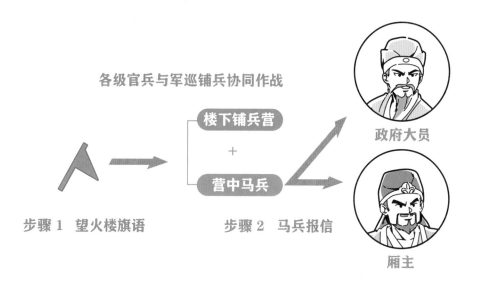

步骤 1　望火楼旗语　　　　步骤 2　马兵报信

楼下铺兵营 + 营中马兵

政府大员

厢主

❸ 水枪鼻祖：竹唧筒

🍂 原理

竹唧筒由竹子、木棍、棉絮等材料制成。其原理，不能说和现代的医用注射器类似，简直就是一模一样。

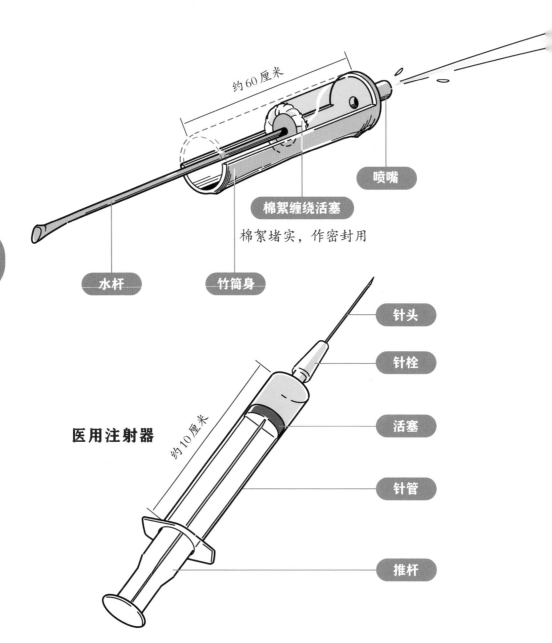

约60厘米

喷嘴

棉絮缠绕活塞

棉絮堵实，作密封用

水杆

竹筒身

医用注射器

约10厘米

针头

针栓

活塞

针管

推杆

◔ 来由

唧筒这个词其实在唐朝就出现了，但真正用于消防灭火是在宋朝。大部头典籍《武经总要》中有详细记载。

武经总要

唐朝

唧筒最早作为生产工具被发明出来，原理和结构在不同时期并不一样。唐代杜佑所著《通典》中记录其为灌溉工具，原理是虹吸效应。

北宋

北宋时期，苏东坡文集《东坡志林》中记录了四川井盐开采所用"卓筒"（吸水长竹筒），原理是利用竹筒加装单向止回阀取水。

同样是北宋，曾公亮的军事巨著《武经总要》中详细描绘了这个用于灭火的竹制大水枪，也就是我们最熟悉的竹唧筒，原理是负压抽水。

唧筒的演化到此还没停止，明清时期又出现了"铜唧筒"，且听下回分解。

特殊火行为：回燃

正如故事里出现的那一幕，从外部看似没有剧烈燃烧的屋子，在突然出现较大开口后（如窗户破裂、木门烧穿、房门打开等），却在室外形成爆发状的巨大"火球"。这种特殊火行为具有很大的破坏力，不仅可能对建筑物造成严重损坏，也可能对消防人员构成严重威胁。

要弄清回燃的原理，我们得先了解两个专业术语：火三角，燃烧的氧浓度下限。

🔥 火三角

也称"燃烧三要素"，包括可燃物、氧化剂和点火源，它们是燃烧或火灾发生的必要条件。

可燃物

生活中常见的如：
固体：木材、泡沫板、纸张、布匹、棉絮
液体：汽油、酒精、煤油
气体：煤气、天然气

点火源

典型的如：
明火、雷电、高温物体

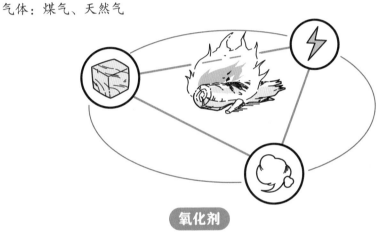

氧化剂

一般的如：	特殊的如：
空气、氧气	水（可使金属钠燃烧）

🔥 氧浓度下限

需要注意的是仅仅有它们三要素还不够，它们每一个都必须满足一定条件。就拿氧化剂来说，将点燃的蜡烛用玻璃罩罩起来，不使空气进入，则短时间内蜡烛就会熄灭，也就是说物质的燃烧需要在特定的氧浓度范围内。通常，将室内空气中的氧浓度降低到15%左右，可以防止非预混燃烧的发生或使得火焰熄灭。然而，如果室内已存在预混气，则这一浓度下仍可能发生引燃和火焰传播。

🔥 回燃过程

这种本身较为耐火、结实（如以砖石为主的建筑），且内部火灾燃烧过程中没有出现明显外部破裂的房间，是需要提防回燃的场景之一。

过程分解

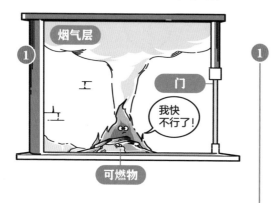

① 室内火灾中，如果门窗关闭，通风不良导致室内燃烧缺氧，火势将明显减小。

② 实际上对于多数普通建筑物，即使房间的门窗关闭较好，也会有一定的空气渗入。若条件合适，火灾燃烧得以持续。但由于空气供应严重不足，形成的烟气层中往往存在大量的未燃可燃组分。

③ 　若这种燃烧维持时间足够长，室内温度升高可能造成一些新开口，例如窗户破裂、木门烧穿等，致使新鲜空气突然进入。某些其他原因，例如为了灭火将门窗打开，也会导致空气突然进入。

④ 　当这些积累的可燃烟气与新进入的空气发生大范围混合后，能够发生强烈的气相燃烧，这种燃烧产生的温度和压力高于普通火灾燃烧，火焰迅速蔓延，在开口处喷出"火球"。这种火行为具有很大的破坏力，所以有些国家的消防部门明确规定，对可能发生回燃的建筑火灾必须严加防范。

回燃的发生

拓展小阅读

三十六计之第五计
趁火打劫

兵圣　孙武

兵者，诡道也。

　　本章里出现过几次"趁火打劫"一词，这个词原本是春秋战国时期著名军事家孙武所著《孙子兵法·始计篇》中的一种战术思想，后演变为三十六计之五，其原意是"就势取利"。未曾想到，在宋朝初期，不少人却真按照这个字面意思，趁着大火打家劫舍、抢夺财物。这直接导致了宋朝消防法令相较前朝的一个重大变化，即不鼓励，甚至禁止百姓参与灭火救援。

宋太祖建隆二年（961年），皇家内酒坊突发火灾。由于酿酒之地存放着大量高度白酒和用于酿酒的粮食，在充足的液体、固体可燃物的加持下，不用多想，火势急转而上。

反常的是，酒坊里的伙计们并没有着急自救，而是趁机跑到账房，以烟火为障，大肆盗取酒坊钱财。

大火之后，太祖赵匡胤下令彻查此事，发现竟然有50多人参与"趁火打劫"，龙颜大怒，将约40人处以极刑。

这件发生于宋朝初期的事件，对此后的火政制定产生了巨大影响。

　　渐渐地，北宋时期的消防就发展为军人治火、不劳百姓。宋朝也逐步建立起较为完善的消防体系。可以自豪地说，鼎盛时期，该体系是世界第一，也毫不夸张。

让我们 休息一下

上册完

小词典

日 晷
guǐ

晷，本义指的是太阳影子。日晷，通常指古人利用日影报时的一种计时工具，也称"日规"。

椽
chuán

屋面的上层支承构件。

檩
lǐn

架在梁头的水平构件。其作用是固定椽子，并将屋顶荷载通过梁向下传递。

134

幞 头
fú

一种包裹头部的纱罗软巾，又名"折上巾""软裹"，起始于汉代。

缺 胯 袍
kuà

唐代典型的"胡服汉化"服装，衣侧开衩，直抵胯部，故称缺胯袍。武将常有将袍子斜披于甲胄外，作为战袍和身份的象征。

司 爟
guàn

西周时期，周公旦所著《周礼》中记载：司爟一职，设下士二人及徒六人，掌行火的政令。

李 悝
kuī

战国初期著名政治家，法家代表人物，在魏国魏文侯时任丞相，主持了中国古代史上第一次变法。

第三章

开 大 衢
qú

衢指大路，尤其是四通八达的道路。这里的意思是多建宽阔的道路，形成有效的防火间距。

疏 析 廛 闬
chán hàn

疏：疏通。　　析：分开。
廛：居所店铺。　闬：里门、里巷。
意思是建筑不可密集建造，并且巷弄里不可有杂物阻塞。

pèi

辔 头

又称马辔，是为驾驭马、牛等牲口而套在其头颈上的器具。

zī   cuō

缁 撮

古人头顶上最普通的布团，主要是为防止头发散落、影响工作而束，可以说是在劳动中形成的解决方案。

guān

纶 巾

也称"诸葛巾"，相传为诸葛亮所制，其后成了儒将们的最爱。

第五章

jī

竹 唧 筒

宋朝兴起的用于灭火的竹制消防水枪，后改良为金属材质。

hé

貉 袖

宋代一种襟和袖都较短的衣服，也通鹤袖。衣长到腰间，袖口不过肘，便于骑马和作战。

yào

长 鞆 靴

古时的一种长筒靴，靴筒或长至膝。

biàn

汴 京

北宋皇都，又称东京，为现今河南开封一带，巅峰人口150万。

上册完

135

别忘了还有下册哦！